BEI GRIN MACHT SICH IHR WISSEN BEZAHLT

- Wir veröffentlichen Ihre Hausarbeit,
  Bachelor- und Masterarbeit

- Ihr eigenes eBook und Buch -
  weltweit in allen wichtigen Shops

- Verdienen Sie an jedem Verkauf

Jetzt bei www.GRIN.com hochladen
und kostenlos publizieren

Vladimir Antonov

Die geschichtliche Entwicklung der Energieversorgung in Japan

GRIN Verlag

Bibliografische Information der Deutschen Nationalbibliothek:

Die Deutsche Bibliothek verzeichnet diese Publikation in der Deutschen National-
bibliografie; detaillierte bibliografische Daten sind im Internet über http://dnb.d-
nb.de/ abrufbar.

Impressum:

Copyright © 2013 GRIN Verlag GmbH
Druck und Bindung: Books on Demand GmbH, Norderstedt Germany
ISBN: 978-3-656-54881-2

Dieses Buch bei GRIN:

http://www.grin.com/de/e-book/265377/die-geschichtliche-entwicklung-der-ener-
gieversorgung-in-japan

„Die geschichtliche Entwicklung der Energieversorgung in Japan"

Seminararbeit

im

Modul zur Energie- und Umwelttechnik

vorgelegt an der

Professur für Energietechnik

Herbsttrimester 2012

Vladimir Antonov

Hamburg, 14. Februar 2013

Inhaltsverzeichnis

Abkürzungsverzeichnis

W   Watt (internationale Einheitssystem für Leistung)

kW   Kilowatt (1.000W entsprechen einem kW)

MW   Megawatt (1.000.000W entsprechen einem MW)

JOGMEC   Japan Oil, Gas and Metals National Corp.

JAPEX   Japan Petroleum Exploration

GEC   General Electric Company

IAEO   Internationale Atomenergie- Organisation

M_W Momenten- Magnituden Skala(Bestimmung der Stärke eines Erdbebens)

MW_P Mega Watt Peak(Maximale Nennleistung)

Abbildungsverzeichnis

1. Einleitung

Menschen lernen aus ihren Fehlern. Sie wachsen aus ihnen heraus und versuchen Fehler nicht wieder zu begehen. Doch wie ist es mit einem Staat oder dessen Regierung? Werden hier Fehler wiederholt, da nach jeder Legislaturperiode ein neues Oberhaupt gewählt wird und Dummheiten wieder begannen werden müssen, damit jemand aus ihnen lernt. Oder wird auch hier aus der Vergangenheit gelernt und versucht die Zukunft besser zu gestalten?

1.1 Problemstellung

Es scheint, dass sich Japan in einer ausweglosen Situation befindet. Das Volk spricht sich ganz klar gegen die Atomenergie aus und die Regierung versucht seit Jahrzehnten die Abhängigkeit von fossilen Brennstoffen zu vermindern. Wird die eine Sparte heruntergefahren, muss die Andere die Lücke wieder schließen. Führt der Staat weiterhin sein Atomprogramm aus, wird es zu immer mehr Streiks kommen. Versucht er das Defizit mit Gas, Kohle und im Schwerpunkt Öl auszugleichen, bleibt Japan von den Staaten im Mittleren Osten abhängig und läuft Gefahr, bei der nächsten Ölkrise den Unmut des Volkes wieder zu entfachen. Weiterhin sinkt das Vorkommen an fossilen Brennstoffen und die Preise für Diese werden immer höher. Viele Alternativen bleiben nicht übrig.

1.2 Gang der Untersuchung

Zunächst gilt es die allgemeine Entwicklung der japanischen Energieversorgung nieder zu legen. Wie hat sie sich entwickelt und welche Chancen, beziehungsweise welche Fehler, wurden gemacht? Untermauert wird dieses Bild von den vorhandenen Ressourcen im und um die Insel. Meinen Schwerpunkt möchte ich hierbei auf Öl und die Atomenergie legen, da diese beiden Formen der Energiegewinnung geschichtlich und aktuell besonders im Fokus stehen. Als Gegenstück zu Diesen stelle ich die Erzeugung von Elektrizität mithilfe von erneuerbaren Energien wie Photovoltaik und Windkrafträder dar. Was wurde in diesem Bereich der Energiegewinnung geleistet und welche Chancen ergeben sich aus ihnen?

2. Geschichtliche Entwicklung

2.1 Vorkriegszeit

Die Anfänge des Gebrauchs der Elektrizität sind am 25. März 1878 am Institut für Technologie in Toranomon(Tokyo) zu verzeichnen. An diesem Tag wurde Licht mithilfe der Bogenlampe erzeugt[1].

Anders als bei einer herkömmlichen Lampe wird hierbei Helligkeit nicht mittels der Erhitzung eines elektrischen Leiters herbeigeführt, sondern durch elektrische Übersprünge zwischen zwei Leitern ein künstliches Licht herbeigeführt.[2]

Im Jahre 1886 wurde das Privatunternehmen Tokyo Electric Lighting ins Leben gerufen. Dieses sollte die Nachfrage an Strom decken. Elektrizität wurde in den Anfängen hauptsächlich für Glühlampen genutzt. Es erfreute sich einer großen Beliebtheit, was auf die Sauberkeit und Sicherheit zurückzuführen ist. Zwei Gründe die ebenfalls dafür sorgten, dass die Dampfmaschine allmählich immer mehr an Bedeutung verlor[3].

Es existieren keine genauen Aufzeichnungen wie und in welchem Maße Elektrizität gewonnen wurde, es liegt jedoch nahe, dass das deutsche Unternehmen Siemens, welches 1887 einen Standort in Japan eröffnete, mit ihrem Wissen über das elektrodynamische Prinzip eine helfende Rolle gespielt hat.[4]

1896 konnten im gesamten japanischen Staat 33 Unternehmen festgestellt werden, die sich mit der Produktion und dem Verkauf von Strom beschäftigten. Das frühe 20. Jahrhundert wurde durch die Errichtung eines Fernstromnetzes geprägt. Mit der Entwicklung und Verbesserung von Wärme- und Wassergeneratoren sanken die Produktionskosten, was dazu führte, dass sich mehr Menschen Elektrizität leisten konnten und Strom einem immer breiteren Einsatz zur Verfügung stand. Aufgrund der Bildung eines großräumigen Netzes, dem immer leichter werdenden Zugang, sowie den sinkenden Preisen etablierte sich Elektrizität nicht nur in der Industrie, sondern wurde ein fester Bestandteil der Gesellschaft. Die hohe Nachfrage führte zu einem massiven Anstieg der Energieversorger. Bis zum Ersten Weltkrieg konnten etwa 700 Anbieter festgestellt werden, die sich danach zu fünf großen Versorgern konsolidierten[5].

---

[1] vgl.:http://www.fepc.or.jp/english/library/electricity_eview_japan/__icsFiles/afieldfile/2011/01/28/ERJ2011_full.pdf

[2] Vgl.: http://www.gluehbirnenverbot.com/lichtquellen/kohlebogenlampe.html

[3] vgl.:http://www.fepc.or.jp/english/library/electricity_eview_japan/__icsFiles/afieldfile/2011/01/28/ERJ2011_full.pdf

[4] Vgl.:http://www.siemens.com/about/de/weltweit/japan_1154389.htm

[5] Vgl.:http://www.fepc.or.jp/english/library/electricity_eview_japan/__icsFiles/afieldfile/2011/01/28/ERJ2011_full.pdf

2.2 Nachkriegszeit

Während des Zweiten Weltkrieges wurde die komplette Energieversorgung unter staatliche Hand genommen und in die Nihon Hatsusoden Co. integriert. Dieses staatliche Unternehmen wurde mit der alleinigen Deckung des Bedarfes beauftragt und ihm wurden neun Unternehmen zugeteilt, die für die Verteilung zuständig waren. Zurückzuführen ist dieses Handeln auf die kommunistischen Tendenzen in Japan. Die Folge daraus war die Erstellung einer Planwirtschaft bis in die 1950er Jahre[6]. Danach dominierten Liberale und Demokraten das politische Geschehen.[7]

Zum Ende des Krieges sank Angebot und Nachfrage nach Strom auf ein Minimum in Japan. Es folgten verschiedene Debatten zu Maßnahmen der Wiederherstellung einer demokratischen Lösung zur Problematik der Energieversorger. Das Ergebnis wurde 1951 getroffen und führte zu einer Aufteilung in neun regionalen Stromanbieter für die Bereiche: Hokkaido, Tohoku, Tokyo, Chubu, Hokuriku, Kansai, Chugoku, Shikoku und Kyushu. Am 15. Mai 1972 wurde die amerikanisch besetzte Inselgruppe Okinawa, welcher sich etwa 500km südlich von Japan befindet, wieder ein Teil des Landes und somit der zehnte und letzte Stromversorgungsbereich[8]. Hierbei wurde jeder Landkreis von einem Unternehmen versorgt.

Zum Ende des 20. Jahrhunderts wurden die einzelnen Bereiche liberalisiert, d.h. dass die zehn verschiedenen Bereiche zuvor eine Monopolstellung in ihrem jeweiligen Sektor hatten. Dies war nach 1995 nicht mehr der Fall, denn nun konnten die Unternehmen überregional Strom erzeugen, Umwandlung in Wechselstrom, sowie die Anpassung der Netzspannung auf die verschiedenen Endverbraucher und der Verkauf an Diese. Es wurde eingeführt, dass die Anpassung der Spannung und der Verkauf regional entbündelt wurden, was vorher nicht der Fall war. Im März 2000 wurde dieses Prinzip auch für hohe Spannung von 2 MW durchgesetzt.[9]

---

[6]Vgl.:http://www.gsid.nagoya-
u.ac.jp/sotsubo/Postwar%20Development%20of%20the%20Japanese%20Economy%20(Prof.pdf

[7]Vgl.:http://www.fepc.or.jp/english/library/electricity_eview_japan/__icsFiles/afieldfile/2011/01/28/ERJ2011_full.pdf

[8] Vgl.:http://www.uchinanchu.org/uchinanchu/history_reversion.htm

[9] Vgl.: http://iis-db.stanford.edu/evnts/6977/Ito_Presentation.pdf

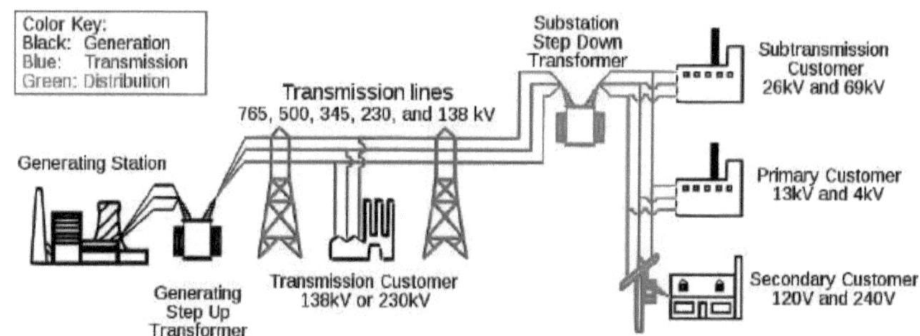

Quelle: http://iis-db.stanford.edu/evnts/6977/Ito_Presentation.pdf

Abbildung 1: Stromerzeugung und Verteilung

Die Skizze beschreibt den Verlauf der Stromerzeugung bis zur Distribution eines einzelnen Unternehmens vor dem Wandel. Da die Herrschaftsgebiete voneinander abgetrennt waren, konnte der Preis unabhängig von Angebot und Nachfrage festgelegt werden. Durch die Aufhebung der Grenzen sind die Anbieter in einen Konkurrenzmarkt gelangt und sind nun gezwungen die Preise anzupassen. Eine Senkung war die Folge.[10]

3. Ressourcen des Landes und allgemeine Nutzung
3.1 Energieressourcen Japans

Ähnlich wie in Deutschland ist das Volumen an Ressourcen in Japan sehr gering. Alles was dort angebaut beziehungsweise abgebaut werden kann, wird zum Selbstkonsum benötigt. Ein großes Defizit findet sich bei den fossilen Brennstoffen: sei es Öl, Gas oder Kohle[11].

Anfang letzten Jahres wurde jedoch auf einer Bohrinsel des Unternehmens JOGMEC ein Methangasvorkommen gefunden, welches den Verbrauch Japans die nächsten 100 Jahre decken soll. [12]

---

[10] Ebenda

[11] Vgl.:http://factsanddetails.com/japan.php?itemid=932&catid=24...159

[12]Vgl.:http://www.energy-pedia.com/news/general/fugro-to-provide-marine-drill-coring-system-to-jogmec-for-methane-hydrate-investigations

Japan befindet sich trotzdem auf einem der ersten drei Plätze in der Weltrangliste als Importeur von Gas, Öl und Kohle. Es gibt nur wenige alternative Energieressourcen, wie die Hydroelektrizität. Diese wurden jedoch von anfänglich 33%(1950) der gesamten Energiegewinnung auf lediglich 3%(2010) heruntergeschraubt.[13]

3.2 Veränderung der Ressourcennutzung

Aufgrund des drastischen industriellen Wachstums Japans seit dem Zweiten Weltkrieg verdoppelte sich der Nationale Energiekonsum alle fünf Jahre bis in die Neunziger. Zwischen 1960 und 1972 erhöhte sich der Konsum so stark, dass es das Bruttosozialprodukt überstieg. Japan hat mit 130 Millionen Einwohnern drei Prozent der Weltbevölkerung, jedoch verbraucht es sechs Prozent der Energieressourcen[14].

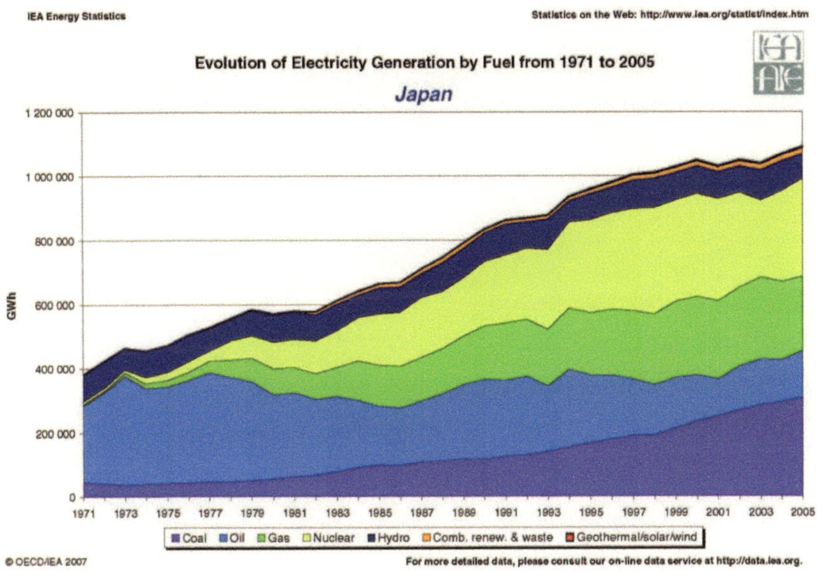

Abbildung 2: Geschichtliche Veränderung der Ressourcennutzung

---

[13] Vgl.:http://www.eia.gov/cabs/Japan/pdf.pdf

[14] Vgl.:http://en.wikipedia.org/wiki/Energy_in_Japan#History

Zu Zeiten der Rohölkrise in den 1970er wurde von der Regierung eine größere Unabhängigkeit gefordert. Dies wurde insoweit verwirklicht, da der Anteil des Ölkonsums gemessen am gesamten Konsum von 80% bis 2010 auf 42% sank. Eine immer größere Rolle spielen die Sektoren der Nuklearenergie und der Energiegewinnung durch Kohle.

Japan ist der drittgrößte Konsument von nuklearer Stromerzeugung, nach den USA und Frankreich. Hydroelektrizität und andere erneuerbare Energien werden von der Regierung beinahe außer Acht gelassen[15].

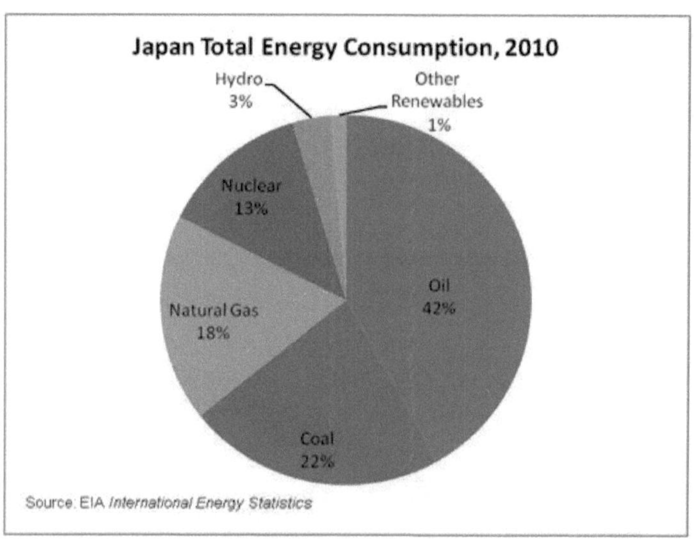

Abbildung 3: Mix des Energiekonsums

---

[15] Vgl.: http://www.eia.gov/cabs/Japan/pdf.pdf

4. Fossile Brennstoffe

4.1 Öl

Es gibt nur wenige Länder, die so stark vom Ölimport abhängig sind wie Japan. Fast 100%(99,6%) muss aus dem Ausland importiert werden. Die Anfänge des Massenimports sind bis auf das frühe 20. Jahrhundert zurückzuführen. Grund hierfür war weniger die Nutzung des Öls als Energieressource, sondern vielmehr für das Militär. Japan versuchte erst Öl aus Amerika und der niederländischen Kolonie an der Koromandelküste zu erschließen. Dies scheiterte jedoch schon in den Verhandlungen. Es wurde umdisponiert und mithilfe des Unternehmens Teikoku, welches 98% Marktanteil in Japan besaß, auf der Halbinsel Sachalin(heute Russland) Rohöl erschlossen[16].

1941 wurde Teikoku Oil Corp. durch private und staatliche Kapitalgeber refinanziert, was das Unternehmen jedoch nicht davor schützte am Ende des zweiten Weltkrieges beinahe das gesamte Vermögen und Einrichtungen in Übersee zu verlieren. Durch die Politik der alliierten Besatzungsmacht wurde die Ölindustrie in zwei Bereiche eingeteilt. Die vorgelagerte Industrie, die mit einem Unternehmen ausschließlich die Gewinnung der inländischen Ölressourcen beauftragt wurde und der nachgelagerten Industrie, welche aus mehreren Unternehmen bestand und das Rohöl von ausländischen Partnern erschließen sollte[17].

13 Jahre nach dem Ende der Besatzungszeit und dem Erhalt der vollen Souveränität wurde 1965 durch eine Gesetzesänderung JAPEX ermöglicht, Öl aus nicht- japanischen Reservaten zu erschließen. Leider waren viele Gebiete durch ausländische Unternehmen schon längst besetzt. 75% der Konzessionsgebiete für Öl wurden allein von amerikanischen und britischen Unternehmen gehalten. Japan hingegen konnte bis 1971 lediglich 1,9% für sich beanspruchen. Es wurde nur drei Jahre später 90,4% aus dem Mittleren Osten importiert. Um diese Abhängigkeit zu verringern versuchte der Staat heimische Unternehmen zu unterstützen. So wurde bis 1985 angestrebt, ein Drittel (881 Millionen Barrel) der Importe durch heimische Unternehmen zu verwirklichen.[18]

Durch die starke staatliche Unterstützung wuchsen die Überseeprojekte drastisch. In den ersten 20 Jahren wurden 119 Projekte unterstützt, jedoch schlug eine Vielzahl fehl und somit konnte das Ziel von 881 Millionen Barrel nicht erreicht werden[19].

---

[16] Vgl.:http://www.pp.u-tokyo.ac.jp/research/dp/documents/GraSPP-DP-E-08-002.pdf

[17] [18] [19] Ebenda

In den ersten zehn Jahren des 21. Jahrhunderts veränderte sich die Eigenproduktion minimal, jedoch konnte der Konsum um etwa eine Million Barrel verringert werden. Mehr als 80% der Ölimporte kommen aus dem Mittleren Osten, so sind z.B. 33% aus Saudi Arabien, 23% aus den Vereinigten Emiraten und 10% aus Katar. Trotz der enormen Importe besitzt Japan keine eigenen Pipelines, was dazu führt, dass der gesamte Bedarf per Schiff auf die Insel gebracht werden muss[20].

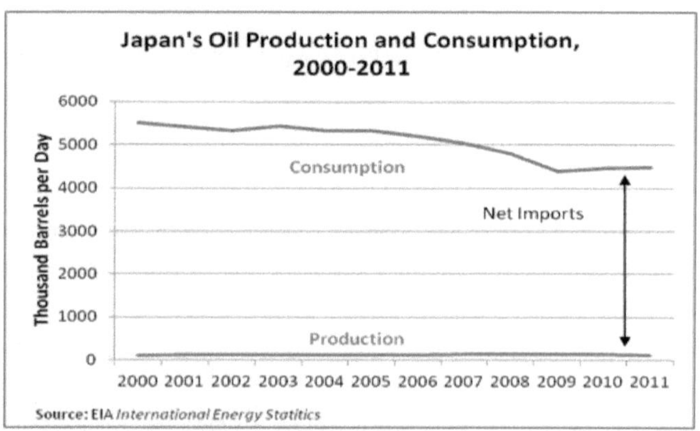

Abbildung 4: Veränderung der Ölimporte

Japans heimische Ölanlagen befinden sich hauptsächlich an der westlichen Küste. Meergebiete wie das Ostchinesische Meer enthalten ebenfalls wichtige Ressourcen wie Öl und Gas. Diese Zone steht in konkurrierenden territorialen Ansprüchen zwischen Japan und China. Es wurde ein vorläufiges Abkommen für das Gebiet um das Shirakaba Gasfeld getroffen, welches monetären Zwecken dienen sollte, aber auch der Verminderung von Spannungen. Japan sollte hierbei die passive Rolle des Investors einnehmen. Noch bevor Kapital angelegt werden konnte, förderte China Öl und Gas. Hochrangige Marineoffiziere verhinderten weiterhin die Zusammenarbeit und die Durchfahrt von japanischen Patrouillenbooten in diesem Bereich. Seine Begründung liege darin, dass das Gebiet unter chinesischem Herrschaftsbereich läge und es nicht Gegenstand von Verhandlungen wäre[21].

---

[20] Vgl.: http://www.eia.gov/cabs/Japan/pdf.pdf

[21] Vgl.: http://ajw.asahi.com/article/behind_news/politics/AJ201203070027

Zunächst wurde der Beschluss, trotz des Handelns
der Marine, von China als wirksam angesehen,
dennoch sind bis Juli 2010 keine weiteren Gespräche
mehr geführt worden. Hinzu kommt nun, dass von
chinesischer Seite die Medianlinie nicht als Trennung
der beiden staatlichen Wirtschaftszonen angesehen
wird. Die chinesische Grenze befindet sich kurz vor
den japanischen Inseln Amami, Okinawa und

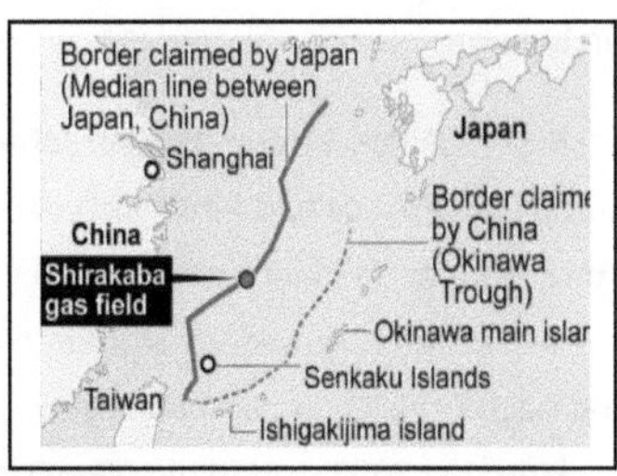

Abbildung 5: Abkommen mit China

Ishigakijima. Von chinesischer Seite wird hinzukommend behauptet, dass Japan den Gegenstand der Verhandlungen verdreht haben soll[22].

4.2 Kernenergie

Aufgrund der Rohstoffarmut Japans und der daraus folgenden Anfälligkeit sowie Abhängigkeit von Zweiten ist es eine natürliche Folge, dass Japan auf Atomkraft gesetzt hat.

Die ersten Gedanken zur Gewinnung von Energie sind auf das Jahr 1954 zurückzuführen.
Zu dieser Zeit startete der japanische Staat Forschungsarbeiten zur Nutzung von Kernenergie. Die Nutzung von Atomenergie wurde ein Jahr darauf im Atomic Energy Basic Law festgelegt. Somit darf diese nur für friedliche Zwecke eingesetzt werden. Es beinhaltet drei Prinzipien: Prinzip der Demokratie, dem Prinzip der freien Unternehmensführung und das Prinzip
der Transparenz. Diese Prinzipien dienen als Basis für nukleare Forschungsarbeiten und
internationalen Kooperationen[23].

Der erste Prototyp eines Reaktors wurde 1963 gebaut. Durch einen Siedewasserreaktor
wurde bis 1976 Strom erzeugt. Desweiteren half er insbesondere in Forschungsgebieten und
zur Informationsgewinnung, was bei späteren Atomreaktoren einen großen Vorteil darstell-
te[24].

Der erste kommerziell genutzte Reaktor wurde von der britischen GEC mit kooperierenden
amerikanischen Unternehmen gebaut und erzeugte Energie mithilfe eines Leichtwasserreak-
tors. Er ging erst kurz vor Ende des 20. Jahrhundert vom Netz. Japanische Unternehmen
kauften die Lizenzen zum Bau ähnlicher Reaktoren. Bis in die 1970er entwickelten heimische

---

[22] Vgl.: http://www.ihs.com/products/global-insight/industry-economic-report.aspx?id=106593810

[23] Vgl.: http://www.antiatom-fuku.de/seite18.html

[24] Vgl.: http://www.world-nuclear.org/info/inf79.html

Unternehmen eigene Atomreaktoren und löste sich dadurch von ausländischen Lizenzverträgen. Bis heute haben sich die Reaktoren nicht nur in Japan etabliert, sondern sie exportieren in andere asiatische Staaten und auch waren an der Entwicklung europäischer Reaktoren beteiligt[25].

Nach der Ölkrise in den 1970er Jahren und dem Wunsch nach Unabhängigkeit von Rohstoffgebern im Ausland fühlte sich der Staat bestärkt und baute die Kernenergie massiv aus. Obwohl Japan in einer erdbebenintensiven Region liegt und die Unglücke Three Mile Island und in Tschernobyl andere Staaten beunruhigten, hielt die Regierung an ihren Plänen fest. Erst nach Unfällen in den neunziger Jahren, wie der Kritikalitätsunfall 1999 oder Risse in den Reaktoren in 2003, wurde die öffentliche Wahrnehmung geweckt, was zu Protesten und den Widerstand gegen neue Anlagen führte. Die Bevölkerung wurde mit dem Versprechen von größeren Kontrollen besänftigt[26].

Zum Anfang des 21. Jahrhunderts wurden wichtige Elemente der Kernenergiepolitik festgelegt. Dazu gehört weiterhin die Minimierung der Abhängigkeit von fossilen Brennstoffen und der dadurch resultierenden Ausweitung der Atomenergie, aus abgebranntem Kernbrennstoff die noch brauchbaren Uran- und Plutoniumreste herauszufiltern und in den Brennstoffkreislauf wieder einzuführen und der Bevölkerung die Kernenergie durch betonte Sicherheit und Nichtnutzung als Waffe näher zu bringen.[27]

Im März 2002 wurde von der japanischen Regierung bekanntgegeben: Aufgrund der Zielsetzung des Kyoto Protokolls, die Emissionen zu senken, wird die Atomkraft als saubere Energiequelle weiter gefördert. Um dieses Ziel zu erreichen wurde festgelegt, dass bis 2011 die Stromgewinnung durch Atomkraft um 30% zunehmen soll. Es waren neun bis zwölf neue Kernkraftwerke geplant, jedoch wurden nur 5 in der Dekade verwirklicht[28].

Bis zum Jahre 2011 liefen mehr als 50 Reaktoren. Diese erzeugten zusammen 33% des Gesamtbedarfes an Strom. Pläne sahen sogar vor, den Satz auf 50% zu erhöhen[29].

Am 11. März 2011 ereignete sich ein Erdbeben der Stärke 9,0 M_W etwa 160km nordöstlich des Kernkraftwerks Fukushima. Die Seismographen lenkte eine Schnellabschaltung der Reaktoren 1 bis 3 ein. Durch das starke Beben fiel die Schaltanlage aus, was dazu führte, dass die Stromversorgung im gesamten Kraftwerk nicht mehr funktionierte und die Notstromdieselgeneratoren starteten. Zunächst bestand keine Gefahr, da alle sechs Blöcke problemlos

---

[25] Ebenda

[26] Vgl.: http://www.antiatom-fuku.de/seite18.html

[27] Vgl.: http://www.world-nuclear.org/info/inf79.html

[28] Ebenda

[29] Vgl.: http://www.antiatom-fuku.de/seite18.html

auf Notkühlung umschalteten. Etwa eine Stunde danach erreichte die durch das Beben aus-gelöste Tsunamiwelle das Kraftwerk. IAEO zufolge war Fukushima nicht an das vorhandene Tsunamiwarnsystems angeschlossen. Dadurch war das Personal im gesamten Kraftwerk nicht auf die bevorstehenden Ereignisse vorbereitet. Durch die gigantische Flutwelle wurden die Reaktoren überschwemmt und die Meerwasserpumpen zerstört. Folge daraus war, dass die Wärme in den Generatoren nicht mehr ins Meer abgegeben werden konnte, sondern sich das erhitzte Wasser in den Blöcken staute und übertrat. Die Stromverteiler und Notstromge-neratoren wurden durch das überlaufende Wasser beschädigt und fielen aus. Durch den Schwarzfall(Ausfall der Stromversorgung) bestand keine auszureichende Kühlung für die Nachzerfallwärme in den Reaktorkernen und Abklingbecken. Unzureichende Kühlung und weitere Kettenreaktionen führten zur Überhitzung der Reaktoren und zur Freisetzung von Wasserstoff, kontaminiertem Wasser und radioaktiver Strahlung.[30]

Die Katastrophe in Fukushima führte zu einer Welle von öffentlichen Protesten gegen die atomlobbyunterstützende Energiepolitik. Wegen der überfälligen Routinewartungen und dem immer größer werdenden Druck seitens der Bevölkerung wurden nach und nach alle Atom-kraftwerke abgestellt. Nach den Wartungsarbeiten erhielten die Stromkonzerne keine Ge-nehmigung, die Reaktoren wieder hochzufahren. Die fehlende Lücke wurde durch Thermal-kraftwerke geschlossen. Im Juli 2012 wurde jedoch vom Regierungschef die Inbetriebnahme von einzelnen, wirtschaftlich wichtigen Atomkraftwerken bekanntgegeben. Obwohl der Auf-schrei aus der Bevölkerung groß war, hielt die Regierung die weitere Stilllegung der Werke für eine wirtschaftliche Gefahr.[31]

5. Regenerative Energien

5.1 Photovoltaik

Die Photovoltaik ist älter als viele vermuten würden. Schon 1839 entdeckte der französische Physiker Becquerell, dass bei Experimenten mit elektrolytischen Zellen der Strom im Dun-keln geringer ist als bei Licht. Es dauert aber noch mehr als 100 Jahre bis durch kontinuierli-che Forschung diese Technik auf Siliziumzellen zu übertragen war. Dieser Fortschritt war insoweit wichtig, da der Wirkungsgrad nur bei vier bis maximal sechs Prozent lag und die Voraussetzungen für eine industrielle Produktion gegeben waren.[32]

---

[30] Vgl.:http://www.stromanbieter-vergleich.org/blog/1275/fukushima-i-eine-chronologie-der-ereignisse/

[31] Vgl.:http://www.welt.de/print/die_welt/wirtschaft/article106480649/Japan-will-Atommeiler-wieder-hochfahren.html

[32] Vgl.:http://www.solaranlagen-portal.de/photovoltaik-technik/photovoltaik-energie.html

Zwar wurde die erste Solarzelle in ihrer heutigen Form 1954 in den USA. erfunden, allerdings entstand der Prototyp dazu in Japan. Vier Jahre darauf installierten sie ein Photovoltaiksystem, welches eine Kapazität von 70W generieren konnte. 1963 wurde in Japan das bis dato größte Photovoltaikfeld weltweit auf einem Leuchtturm gebaut. Das Unternehmen Sharp Corp. sah eine Zukunft in dieser Technologie und entwickelte sie immer weiter, bis sie zum Jahre 1976 serienmäßig Solarzellen in Taschenrechnern einsetzen konnte.

Erst vor 30 Jahren wurde Photovoltaik an das allgemeine Stromnetz angeschlossen. In den späten 1990er gelang die massenhafte Verbreitung dieser erneuerbaren Stromerzeugung. Bis kurz vor Ende dieser Periode war Japan der weltgrößte Hersteller von Solarzellen. Bis 2005 war der Inselstaat der Nutzer mit den größten Kapazitäten dieser Technologie, danach wurde der erste Platz von Deutschland mit 1,43 Millionen kW eingenommen. Obwohl Japan in diesem Jahr nicht die meisten Kapazitäten aufweisen konnte, hat es dennoch 50% der Solarzellen weltweit hergestellt.[33]

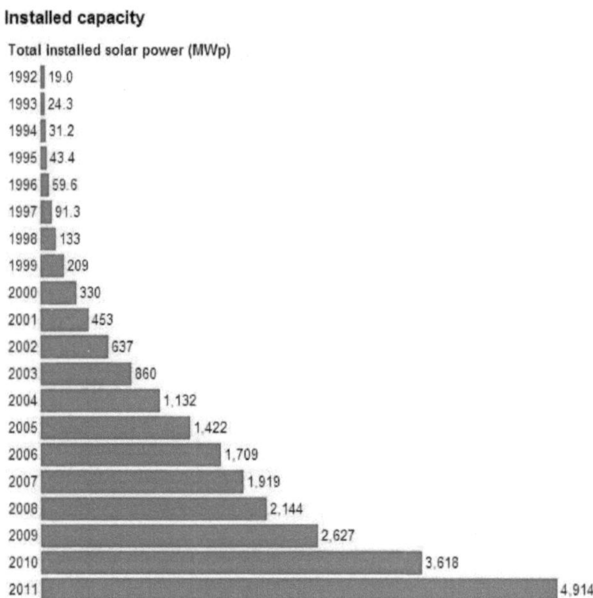

Abbildung 6: Photovoltaik im Wandel

Ein ganz klarer Trend ist in der Photovoltaik zu erkennen. Seit 1992 verdoppelten sich alle zwei Jahre die Kapazitäten gemessen in MW$_p$ in Japan.

---

[33] Vgl.:http://www.japanfs.org/en_/newsletter/200806-2.html

5.2 Windkraft

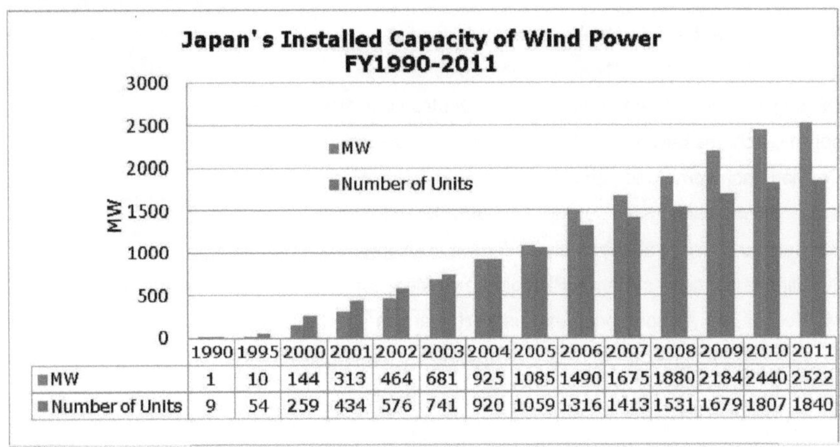

	1990	1995	2000	2001	2002	2003	2004	2005	2006	2007	2008	2009	2010	2011
MW	1	10	144	313	464	681	925	1085	1490	1675	1880	2184	2440	2522
Number of Units	9	54	259	434	576	741	920	1059	1316	1413	1531	1679	1807	1840

Abbildung 7: Windkraft stagniert

Die Energiegewinnung aus der Kraft des Windes ist noch eine sehr Junge in Japan. Erst 1980 wurden die ersten Windräder errichtet. In den folgenden 20 Jahren wurden lediglich 259 Räder gebaut. Erst nach der Entwicklung von Generatoren, die eine Nennleistung von 1.000 kW erzeugen konnten, stieg die Anschaffung stetig an[34].

Durch die Veränderung der Bauordnung und insbesondere die schlechten Netzanschlusskapazitäten in 2008 wurde die Entwicklung dieser erneuerbaren Energie in den Folgejahren gedämpft[35]. Zwischen 2008 und 2009 gab es noch einen Zuwachs von 118 Windrädern, drei Jahre später sank diese Zahl auf wenige 40 Stück runter. Besonders deutlich in der Abbildung ist zu erkennen wie sich die Leistung der Windräder verändert hat. In 1995 brachte ein Rad lediglich 185 kW Leistung, zum Jahre 2011 stieg dies auf 1.370 kW pro Anlage.

Energie durch Windkraft macht in Japan derzeit nur etwa 0,37% aus, trotz der Möglichkeit die Gewinnung aus dieser nachhaltigen und sicheren Energiequelle auf über 10% zu steigern.[36] Zum Ende des Jahres 2011 besaß Japan mehr als 1.800 Windkrafträder und diese brachten eine Nennleistung von 2501MW.[37] Im Vergleich dazu konnte Deutschland zu die-

---

[34] Vgl.: http://www.agentschapnl.nl/sites/default/files/Wind%20Energy%20Japan.pdf

[35] Ebenda

[36] http://scienceblogs.com/thepumphandle/2011/12/05/japans-tipping-point-renewable-1/

[37] http://jwpa.jp/page_155_englishsite/jwpa/detail_e.html

13

ser Zeit eine Leistung von über 28.000MW erzeugen die von etwa 22.000 Rädern erzeugt werden[38].

In naher Zukunft soll durch eine Neuentwicklung des Windrads Windenergie billiger werden als Atomenergie. Die sogenannten ``Wind Lens´´ oder auf Deutsch Windlinsen sollen durch das bewegliche Randelement, welches die Position nach vorne und nach hinten verlegen kann, eine Wesentliche Leistungssteigerung erhalten. Die Erfinder der Kyushu Universität sehen die Verlagerung solcher Windlinsen auf schwimmende Plattformen im Meer als Möglichkeit, die Anlagen noch effizienter zu machen[39].

Abbildung 8: Windlinse

---

[38]

Vgl.:http://windmonitor.iwes.fraunhofer.de/windwebdad/www_reisi_page_new.show_page?page_nr=363&lang=de

[39] Vgl.: http://www.geekosystem.com/japanese-wind-power/

6. Fazit

Der Versuch die Energieversorgung unabhängig vom Öl zu gestalten, endet mit dem Bau von Atomkraftwerken. Bei einer erhöhten Anzahl von Atomkraftwerken ist es eine logische Schlussfolgerung, dass die Wahrscheinlichkeit von Zwischenfällen steigt. In dem Beispiel Japan war genau dies der Fall. Das Volk will nicht wieder eine Katastrophe mit einem Atomreaktor und geht auf die Straße um zu streiken. Die Folge: Die nukleare Energiegewinnung wird heruntergefahren, fossile Brennstoffe wie Öl müssen die Lücke schließen. Es scheint, dass Energiegewinnung aus fossilen Brennstoffen und Atomreaktoren effizient sind, allerdings von der Bevölkerung nicht gebilligt werden oder auf lange Sicht zu hohe Kosten und zu große Abhängigkeit bedeuten. Die Regierung ist nicht nur an die Bedürfnisse des Volkes gebunden, vielmehr muss es auch auf internationaler Ebene Verträge eingehen und erfüllen. So hat sich Japan durch das Kyoto- Protokoll für den Klimaschutz entschieden.

Effiziente Energie aus unabhängigen, sauberen und vor allem sicheren Energiequellen. Ist dies überhaupt möglich? Deutschland hat es vorgemacht. So konnte im Jahr 2012 11,7% der gesamten Energieerzeugung nur durch regenerative Energien erzeugt werden[40]. Dies ist zwar nur ein Zehntel, doch es ist ein Anfang und der Anteil steigt stetig.

Japan hat seine Möglichkeiten Strom aus erneuerbaren Energien zu gewinnen noch lange nicht ausgeschöpft. Japans neue Entwicklungen wie die Windlinse und der konstante Ausbau der Photovoltaik sind der richtige Weg, um die Lücke zu schließen, die durch den drastischen Ausstieg aus der Atomenergie entstanden ist. Es wird noch Zeit brauchen um umweltfreundliche Energien soweit zu bringen, dass sie einen Großteil des Energiemixes ausmachen. Doch wenn sich Nichts verändert, droht entweder die Abhängigkeit von anderen Staaten oder die Gefahr von weiteren Protesten in Japan.

Meiner Ansicht nach ist Japan auf dem richtigen Weg die Krise der Energieversorgung zu meistern. Nicht von heute auf morgen, aber in absehbarer Zeit wird der Inselstaat umweltfreundliche Reformern und Veränderungen einführen, damit sie sich aus der vollkommenen Abhängigkeit und Atomenergie loslösen können.

---

[40]Vgl.:http://www.energiepolitik.de/wp-content/uploads/2012/12/energiemix-2012-vorl%C3%A4ufig.png